# ESQUISSE

D'UN PROJET

# D'INSTITUT IMPÉRIAL

POUR

## L'INSTRUCTION AGRICOLE DES FEMMES

SUIVIE DE DOCUMENTS

**SUR LES ÉCOLES IMPÉRIALES D'AGRICULTURE**

ET

SUR LES FERMES-ÉCOLES.

PREMIÈRE PARTIE.

---

PARIS
IMPRIMERIE DE CH. JOUAUST
RUE SAINT-HONORÉ, 338

1861

# I

On propose de créer, pour les jeunes demoiselles, un *Institut Impérial d'instruction agricole,* qui serait un pendant à l'École Impériale de Saint-Denis, comme l'École centrale des arts et manufactures est un précieux pendant à l'École polytechnique.

Cet institut aurait pour but d'initier à la vie rurale les jeunes personnes appartenant à la population bourgeoise des villes, de leur faire apprécier et aimer le séjour de la campagne, de les mettre en état d'entrer utilement dans les familles des cultivateurs et des fermiers aisés, ou dans celles des propriétaires qui exploitent, eux-mêmes, par domestiques.

## II

Le rôle de la femme dans l'exploitation agricole n'est pas moins important que celui du mari. On l'a dit depuis longtemps, *sans la fermière point de fermier!* On peut ajouter avec autant de vérité que sans le concours d'une femme, mère, sœur, fille ou épouse, le propriétaire faisant valoir son domaine n'aura jamais de succès complet.

Mais si le fermier et le petit cultivateur trouvent facilement à s'unir avec une fille de leur condition, élevée comme eux, et exercée dès l'enfance à tous les travaux de la ferme, il devient rare de rencontrer une compagne assortie pour le jeune homme de famille qui veut s'adonner à la culture. Il lui faut une demoiselle d'un monde égal au sien, ayant reçu l'éducation ordinaire du pensionnat, et cependant préparée à parcourir avec lui la carrière agricole, acceptant de vivre à la campagne sans dégoût et sans regret, disposée à prendre intérêt et plaisir aux soins assidus et aux travaux sérieux qu'exige le ménage des champs.

## III

Les pensionnats de demoiselles sont dans les villes ; les riches cultivateurs s'empressent d'y envoyer leurs filles, pour qu'elles y reçoivent l'éducation littéraire et musicale, pour qu'elles y perdent le langage, l'accent et les habitudes campagnardes, et s'y forment aux usages, au ton et aux manières de la ville. Ce n'est point à blâmer, au contraire ! Mais il ne faut pas se dissimuler qu'à la suite du bienfait de l'instruction, de la tenue et de la grâce acquises dans ce nouveau milieu, les jeunes filles manquent rarement de contracter des goûts peu compatibles avec le séjour à la campagne ; il leur naît le désir de se marier à la ville, et elles redoutent désormais de retourner à la ferme, dont elles ne se rappellent que le côté matériel, peu attrayant. Les sentiments des parents conspirent le plus souvent avec ceux de leurs enfants : on aime le changement, *on en a besoin;* on est frappé des inconvénients attachés à la profession qu'on pratique ; on ne voit que les beaux aspects de l'existence nouvelle que semble permettre une modeste aisance acquise par un demi-siècle d'économie.

Quant aux jeunes personnes appartenant à la petite et à la moyenne bourgeoisie, sans fortune suffisante, elles ne connaissent pas les champs ! elles ne peuvent les aimer. La plupart, filles de fonctionnaires publics, de militaires, d'employés d'administration, et d'autres qui vivent de leur traitement, sont jetées, par suite de la position de leurs parents, dans une éducation de pensionnat *non professionnelle*, qui leur prépare en général une vie de privations croissantes, d'espérances déçues, et peut-être de funestes entraînements.

Telle qui, compagne laborieuse d'un modeste cultivateur, serait arrivée progressivement, en accomplissant des devoirs sérieux, à une aisance indépendante et honorée au sein d'une famille nombreuse et groupée, termine, au contraire, dans l'isolement, loin de ses parents dispersés, au milieu d'une population indifférente, une existence stérile, qui n'a cessé d'être pénible, après avoir commencé sous les auspices des attrayantes distractions de la cité.

## IV

Cet état de choses tend à se généraliser proportionnellement au développement de l'éducation actuelle. Il menace de peupler les villes de filles ou de femmes déclassées, vouées tout au moins au malheur, qui manqueront de débouchés pour utiliser les produits de l'instruction qu'elles auront reçue, et qui ne pourront jamais restituer à la société les sommes qu'elles auront vainement absorbées dans les frais d'une instruction purement intellectuelle.

## V

Pour sortir de cette impasse, il ne se présente à l'esprit qu'une voie, mais cette voie est aussi large qu'est nombreuse la population féminine susceptible de s'y engager et de la parcourir.

C'est l'industrie agricole! Non pas celle où les intelligences s'encroûtent dans la routine et dans l'ignorance, mais celle qui est élevée par des études préparatoires et par des exercices raisonnés à la hauteur des arts libéraux. C'est là seulement que peut trouver un port de refuge illimité cette multitude de femmes qui se trouve forcément embarquée sans profession sur l'océan tourmenté de la vie !

*C'est donc vers l'agriculture, considérée comme devant devenir une profession*, qu'il convient de diriger l'éducation des demoiselles appartenant aux familles urbaines chez lesquelles la distinction de l'éducation et des sentiments ne marche pas de front avec l'importance de la fortune.

D'une part, cette instruction professionnelle, accompagnant une bonne et parfois une brillante éducation, favorisera, dans une foule de circonstances, des unions convenables; elle haussera le niveau intellectuel de la population agricole.

D'autre part, nulle autre branche de l'activité humaine ne saurait, comme l'agriculture, ouvrir carrière à des combinaisons par lesquelles une femme bien élevée et *professionnellement* instruite, demeurât-elle seule, pourra trouver *à vivre avec honneur*, ce qui est rendu bien difficile dans les établissements commerciaux ou industriels.

## VI

Autant l'agriculture paraît rebutante lorsque, livrée à une aveugle routine, exercée à l'étroit dans des habitations sombres et humides, elle se présente escortée de l'ignorance et de la malpropreté, autant elle devient enviable et attrayante lorsqu'elle se manifeste éclairée par les lumières de la science, réglée par l'expérience des praticiens, obéissant aux lois de l'hygiène et du goût.

Le séjour à la campagne, qui semble un enterrement anticipé à une jeune fille des villes, revêtira au contraire un aspect aimable aux yeux de celle qui appréciera les travaux des champs, qui en comprendra le but, qui en mesurera les conséquences, et qui pourra y voir la source d'avantages matériels.

Faire aimer la vie rurale et provoquer le désir de s'établir à la campagne, tel doit être le résultat d'une *bonne instruction professionnelle agricole* donnée dans un institut spécial aux jeunes personnes sorties des pensionnats et des couvents.

## VII

Après ces réflexions, nous aborderons l'esquisse d'un programme pour l'organisation de l'établissement.

## Logement, Nourriture, Vêtements.

On suppose l'institut en pleine campagne, dans une contrée saine, à cultures variées, où seront logées, entretenues, instruites et exercées, moyennant un prix aussi modéré que possible, les jeunes personnes de la bourgeoisie urbaine et rurale, notamment des filles de fonctionnaires civils et militaires, d'un âge au-dessus de quatorze ans, ayant déjà reçu, dans les pensionnats ou chez leurs parents, les éléments de l'éducation ordinaire des filles de famille : grammaire, histoire, littérature, musique, etc.

Ces jeunes personnes seront logées avec une simplicité rurale. L'extrême propreté, la libre circulation de l'air et de la lumière, l'ordre et la convenance qui accompagnent l'élégance et souvent y suppléent, constitueront le seul luxe des réfectoires et des chambres à coucher, des salles d'étude, et des locaux consacrés soit à l'enseignement, soit aux exercices.

Cependant, les salons, les lieux de réunion et de réception, seront décorés comme chez les propriétaires dans l'aisance : car c'est un motif d'attraction et de séjour heureux, dans les campagnes, que d'y retrouver le confortable, et même, dans une limite modérée, les fantaisies des villes. Les soins de propreté et d'ordre, comme la décoration et l'entretien, feront, autant que possible, partie des obligations et des devoirs des pensionnaires.

Les jeunes personnes seront nourries, journellement, comme se nourrit dans les campagnes la généralité des familles de propriétaires cultivateurs arrivés à une aisance modeste. C'est avec ce régime régulier de mets simples et communs, d'une préparation saine, facile, prompte et peu coûteuse, que se créent les vigoureuses générations campagnardes, destinées à combler les vides que le régime des villes ouvre sans cesse dans les rangs des populations urbaines.

Cependant les jours de fêtes et de vacances il y aura toujours quelques mets d'extra ou de luxe. La préparation très-variée, en sera due aux soins et au travail des pensionnaires, de même que la préparation de l'alimentation quotidienne, dans certaines limites; car il faut que les familles en résidence à la campagne, éloignées qu'elles sont des ressources des villes, trouvent dans l'expérience de la maîtresse de maison les moyens de dresser les domestiques à l'art de préparer et de servir des repas plus ou moins fins, des pâtisseries, des entremets, etc. Ce détail a son importance.

Les jeunes personnes seront vêtues, à l'ordinaire, uniformément et de manière à pouvoir vaquer aux occupations de la vie agricole, sans être gênées et sans être trop préoccupées de préserver leurs habillements.

Cependant, les jours de fêtes, de réceptions ou de

cérémonies, elles seront parées mais elles devront à elles-mêmes les ornements de leur toilette, comme elles sauront, autant que possible, confectionner elles-mêmes leurs vêtements de travail. Une coupe heureuse, quelques garnitures et rubans placés avec goût, donnent à des vêtements d'étoffe simple, à bon marché, et même grossière, un cachet d'élégance que les femmes doivent rechercher dans leurs ménages, au moins autant à la campagne qu'à la ville. Ce ne sera pas une des moindres séries d'applications auxquelles on exercera les demoiselles, pour compléter l'éducation des pensionnats, que la gracieuse série de tous les travaux d'aiguille : couture ; confection de modes, de chapeaux, de chaussures ; lingerie ; ouvrages de femme de toute espèce : tapisserie, filets, broderies, dentelles, fleurs artificielles, etc.

## Instruction agricole théorique.

Les jeunes personnes recevront une instruction théorique agricole appropriée à leur éducation première et au rôle qu'elles doivent remplir dans une exploitation rurale. On ne s'étendra que sur les théories relatives aux opérations qui sont dans les attributions de la ménagère. Ainsi :

*Cours d'Agriculture générale*, amendé comme il vient d'être dit ;

*Cours d'Arboriculture et de Jardinage*, traité de la même manière, mais avec plus de détail, parce que le verger et le potager sont surtout consacrés au ménage de la ferme; d'ailleurs les chemins de fer ouvrent un avenir brillant à la production des beaux fruits et des primeurs.

*Cours de Botanique.* Celui-ci sera le plus complet; car cette aimable science offre à la femme habitant la campagne les plus précieuses distractions, donne un intérêt toujours nouveau aux promenades ordinaires, et un but aux excursions éloignées, si favorables à la santé. C'est d'ailleurs presque un devoir de connaître les plantes médicinales : qui ne se rappelle les châtelaines des temps passés, initiées aux *vertus des Simples.*

Il est bien entendu que les leçons de botanique donneront l'occasion de présenter aux élèves des notions suffisantes sur les diverses sciences naturelles, entomologie, ornithologie, minéralogie, etc., toutes sciences envisagées au point de vue de l'agriculture.

*Cours de Calcul et de Comptabilité agricole.* On insistera particulièrement sur ce dernier enseignement, car c'est précisément aux femmes que revient cette partie des occupations de la ferme. Le mari est trop absorbé par les travaux *extérieurs* de l'exploitation pour y consacrer le temps et l'attention, parfois minutieuse, que réclament les détails des comptes.

Enfin, *Cours de Littérature et de Morale*, pour compléter l'instruction élémentaire des pensionnats; car il convient que le séjour des champs soit accepté sans regrets, dans les longues soirées d'hiver; que l'esprit et le cœur puissent trouver leur contentement dans la lecture des grands écrivains, et que la conversation entre les divers membres de la famille, dans l'exploitation rurale, puisse de temps à autre présenter l'intérêt de conversation de la ville entre personnes d'éducation libérale.

## Instruction agricole pratique.

L'instruction agricole pratique sera celle qui recevra le plus grand développement, dans une série d'applications et d'exercices destinés à former de véritables ménagères : fabrication du beurre, des divers fromages, des jambons et salaisons, confits, confitures, conserves de fruits et de légumes de toute nature, pâtisseries, art culinaire, élève et engraissement des animaux de basse-cour, conduite du potager, du verger et du fruitier, lessive et blanchissage, etc.

A l'occasion de ces diverses manipulations, un professeur donnera autant que possible aux pensionnaires des notions élémentaires sur les principes de physique et de chimie qui expliquent et justifient les détails de ces manipulations.

Quant aux labours, hersages, roulages, semailles, fenaisons, moissons, récoltes de toute nature, battages, emploi des instruments d'extérieur et d'intérieur, soins à donner aux animaux dans les étables, en un mot quant aux applications de la grande culture, on se bornera généralement à faire assister les élèves à ces divers travaux, dans les fermes qui dépendront de l'institut et dans les fermes voisines, et on leur donnera, sur place, les explications nécessaires ; car si la ménagère n'est généralement point appelée à prendre une part directe et manuelle à la plupart de ces opérations, elle a besoin cependant de les bien connaître, de les comprendre, et d'arriver à les apprécier, sous les rapports divers de l'utilité, de l'opportunité, et autant que possible de la bonne exécution.

Ces séances dans les champs, répétées autant qu'il sera convenable, rendront agréable et instructive la lecture des livres et publications agricoles que le mari, occupé des soins de l'extérieur, n'a pas souvent le temps de lire de méditer.

L'application des arts d'agrément : musique, dessin, danse, sera facultative, mais l'équitation fera partie de l'enseignement.

## VIII

Inquiétons-nous de ce que pourra coûter un établissement tel que celui qui vient d'être esquissé.

### Organisation financière.

L'État pourvoira à l'installation et aux frais de l'établissement, comme il le fait pour les trois écoles impériales d'agriculture de Grignon, Grandjouan et La Saulsaie, avec cette différence qu'il n'aura point à s'occuper de l'exploitation des terres attachées à l'institut. Ces terres devront être affermées à des fermiers choisis parmi des agriculteurs instruits et progressifs, chez lesquels, par des conventions spéciales, les filles pensionnaires de l'institut pourront assister aux opérations de la grande culture.

Les élèves payeront une pension de 400 à 600 francs, et l'État ne fournira que les fonds nécessaires 1° pour l'enseignement; 2° pour l'entretien des jardins potagers, vergers, plantations, parcs, le tout de la contenance d'une dizaine d'hectares au plus. Il pourrait, à la rigueur, se borner à acheter cette dizaine d'hectares; mais il paraît plus convenable qu'il soit propriétaire d'une terre assez étendue pour avoir la faculté d'y mettre des fermiers, et de s'entendre avec eux relativement aux moyens de faire assister les élèves aux opérations de la grande culture et aux soins des animaux domestiques. L'achat des terres ne sera qu'une première mise de fonds dont le fermage restituera l'intérêt.

On n'est généralement pas accueilli avec une grande faveur lorsqu'on propose une nouvelle dépense à la charge de l'État, et la première idée qui vienne à l'esprit du lecteur est de s'enquérir si l'industrie particulière ne pourrait venir suppléer le Trésor public menacé.

Il y a donc lieu de se demander s'il est possible de se passer de l'Etat; puis, il conviendra d'indiquer par quelques détails les frais que l'Institut pourra exiger.

A cet égard, on a des précédents : ce sont les trois écoles Impériales : *Grignon*, *Grand-Jouan*, *La Saulsaie*.

Elles doivent, toutes, leur fondation aux efforts de l'industrie privée, et elles ont pendant plusieurs années fonctionné comme entreprises particulières, avant d'entrer dans la sphère attractive de l'Etat. Mais pouvaient-elles se passer de ce puissant auxiliaire ? seraient-elles, sans lui, debout comme écoles? ont-elles été absorbées malgré elles? Ce sont des questions qu'il paraît bien inutile d'approfondir en présence de ce fait : qu'elles étaient libres; qu'elles ont passé à l'État; qu'aucune d'elles n'a réclamé sa liberté; et qu'aucune autre, depuis, n'a fait mine de s'élever!

Il est bien difficile, ceci connu, de supposer qu'un institut agricole pour les filles puisse être abandonné aux hasards de l'industrie privée.

L'État entretient les trois écoles impériales pour les garçons. Il entre pour une forte part dans les dépenses d'instruction d'une quarantaine de fermes-écoles. Donc il a reconnu la profonde utilité d'offrir au public masculin des établissements d'enseignement agricole *à la charge du budget*. Sept à huit centaines de mille francs, peut-être, sont annuellement consacrés à cette bonne œuvre! Est-ce trop que de demander une petite part — moins d'un dixième — pour en étendre les bienfaits au public féminin!

## IX

Les nombreux rapports qui ne peuvent manquer de se rencontrer entre l'organisation de l'institut agricole (à créer) pour les jeunes filles et celle des écoles Impériales actuellement ouvertes aux jeunes gens, excitent à donner ici quelques détails sur ces derniers établissements.

L'école de *Grignon* est située dans le département de Seine-et-Oise, commune de Thiverval, auprès de Neauphle-le-Château, à quarante et un kilomètres ouest de Paris et vingt kilomètres de Versailles. On s'y rend par cette dernière ville au moyen du chemin de fer de la rive gauche, qui a, pour quelques trains, des voitures de correspondance. Elle a été fondée en 1827, sous la puissante initiative et avec le concours énergique de l'ingénieur des ponts et chaussées Polonceau, par M. Bella père, qui l'a, dès l'origine, brillamment dirigée. A l'époque de sa mort, elle fut confiée par le Gouvernement à M. François Bella fils, digne continuateur des traditions paternelles, et que l'amour du progrès, s'alliant à la prudence et à la patience, ont conduit à de beaux succès agricoles.

L'école de *Grand-Jouan* est située en Bretagne, dans la Loire-Inférieure, sur la grande route de Nantes à Rennes, à quarante-cinq kilomètres de la première de ces villes et à soixante-cinq de la seconde. On peut s'y rendre indifféremment, de l'une ou de l'autre, par les voitures publiques.

Cette école a été fondée en 1832, et elle continue à être dirigée par un des plus éminents disciples de l'illustre Mathieu de Dombasle, par M. Jules Rieffel, dont le nom est cher à tous les amis de l'agriculture, et dont la réputation scientifique agricole est faite depuis longtemps en France et à l'Étranger. Lorsque l'État prit cette école à sa charge, il y fit construire tous les bâtiments nécessaires pour le logement des élèves, pour le service de l'enseignement, pour celui de la direction et de l'administration, et, de plus, une très-jolie et spacieuse chapelle.

L'école de *La Saulsaie* est située dans le département de l'Ain, en pleine Dombes, à vingt-huit kilomètres de Lyon. On s'y rend, ou de Lyon ou de Mâcon, par le chemin de fer de Genève; on s'arrête à la station de Montluel, distante de huit kilomètres : on y trouve une voiture de correspondance. L'école de La Saulsaie a été fondée par M. de Nivière, en 1840, dans un des quartiers de la Dombes les plus infestés d'étangs et les plus célèbres pour leur extrême insalubrité. M. de Nivière, par l'heureux desséchement de ce foyer de peste, l'a transformé en un lieu très-sain. Lorsqu'il céda l'établissement à l'État, celui-ci y ajouta des bâtiments considérables, qui en font un des plus beaux domaines de la Dombes, et le confia aux soins habiles d'un ancien professeur d'agriculture de Grignon, précédemment directeur d'une Vacherie Impériale, M. Pichat, qui dirige la culture avec une rare persévérance dans des voies sages et pratiques, et gouverne le personnel de son école avec une bienveillance dont se louent tous ceux qui sont sortis de l'Établissement.

## X

Dans ces trois écoles impériales, l'enseignement est aussi pratique et aussi professionnel qu'on puisse le désirer pour des jeunes gens destinés, non à des travaux manuels, mais à la surveillance ou à la direction de grands domaines.

On les exerce à manier tous les instruments d'agriculture; ils apprennent à labourer, à herser, à rouler, à semer, comme s'ils étaient destinés à faire métier de leurs bras. Ils sont instruits à diriger les attelages de chevaux et de bœufs; ils sont familiarisés avec les machines les plus nouvelles et avec les procédés de culture les plus perfectionnés; ils prennent part aux fenaisons, aux moissons, à la formation des meules. Préposés à la surveillance des animaux et chargés de leur donner des soins en cas de maladie, successivement attachés à tous les services de l'exploitation, ils sont mis en état de connaître tout ce qui se rattache à la gestion d'un domaine, etc.

Dans l'exploitation des trois cents hectares environ affectés à chacune des écoles, il ne se passe pas une opération qui n'ait lieu au moins en présence des élèves de service, et dont ceux-ci ne soient tenus de rendre compte dans des rapports hebdomadaires soumis aux répétiteurs, aux professeurs, et même au directeur. Ces rapports donnent lieu à des redressements d'erreur, à des compléments d'instruction, à des développements tres instructifs. Chaque jour, un travail spécial d'application a lieu dans les champs, ou dans le laboratoire, ou dans les galeries de sciences naturelles dont chacun des établissements est doté.

L'instruction pratique doit être complétée par des excursions agricoles, botaniques, forestières, vétérinaires et géologiques dans le voisinage des écoles.

En dehors de ces exercices instructifs, il est fait, par d'habiles professeurs, des cours de physique, de chimie, de minéralogie, de géologie, de génie rural, de zootechnie, de botanique, de sylviculture, de législation rurale, d'économie rurale ou d'administration de la ferme, etc., enfin, un cours complet d'agriculture proprement dite. Les praticiens acharnés peuvent critiquer l'appareil scientifique qui forme cadre au cours d'agriculture, mais il faut qu'ils sachent que chacun des professeurs de physique, de chimie ou autre science, se considère comme *un professeur d'agriculture ensei-*

*gnant cet art au point de vue particulier de la science dont il est l'organe;* cette formule, sans cesse présente, ou rappelée au souvenir du professeur, l'empêche de s'égarer dans les sentiers ardus de la théorie pure, et le ramène sur le champ positif de l'application utile. Par exemple, on n'insistera point sur la cristallographie des minéraux, mais on s'attachera à montrer les propriétés des sols arables formés par les roches que composent ces minéraux; et ainsi du reste.

Une comptabilité financière agricole, rigoureusement et complétement tenue dans chacun des établissements, sert de modèle à celle que l'on enseigne aux élèves comme base d'une bonne gestion; on leur fait suivre ces écritures avec tous les livres obligatoires et les registres auxiliaires, comme ils auront à le faire lorsqu'ils seront à la tête d'une exploitation.

L'enseignement dure trois ans; il se termine par la rédaction et l'argumentation d'une thèse, après laquelle l'élève peut obtenir un diplôme de capacité agricole.

## XI

Pour remplir ce programme, combien en coûte-t-il à l'Etat?

Les chiffres suivants, pris sur une réalité moyenne, vont répondre.

*Budget d'une Ecole Impériale.*

| | |
|---|---|
| Un directeur, un sous-directeur, un agent comptable, un économe et deux commis, | fr. 16,000 |
| Un aumônier, un médecin, 6 professeurs, 3 ou 6 répétiteurs, 2 surveillants, | de 25,000 à 31,000 |
| Un jardinier et deux ou trois aides ; un chef de pratique ; cuisinier et aide ; 4 à 6 servants ; concierge ; lingère ; infirmière ; | de 7,000 à 8,000 |
| Nourriture d'une partie de ce personnel, depuis 1 fr. 50 jusqu'à 1 fr. 70, selon les localités, | de 13,000 à 17,000 |
| Dans le cas de 60 élèves, nourriture aux prix ci-dessus ; frais d'infirmerie, blanchissage et chauffage ; plus, blanchissage et chauffage d'une fraction du personnel administratif ou enseignant précité ; | de 45,000 à 52,000 |
| Entretien et réparation des bâtiments et toitures, | 3,000 |
| *A reporter* | 109,000 à 127,000 |

| | |
|---|---|
| *Report* | 109,000 à 127,000 |
| Frais d'objets d'enseignement : livres, appareils, modèles; entretien et accroissement des collections; | 2,000 |
| Culture de quelques hectares pour l'enseignement; jardins, vergers, serres, pépinières; achat et entretien de quelques animaux ; | de 7,000 à 8,000 |
| Frais de bureau et de voyages; affranchissement; impressions; | 2,000 |
| Total : de | 120,000 à 139,000 |
| Il faudrait défalquer, à raison de 750 fr. par élève, la somme de 45,000 fr.; mais comme l'Etat entretient 18 boursiers ou demi-boursiers, il suffit de déduire environ | 32,000 |
| Les dépenses totales sont donc de | 88,000 à 107,000 |

Il est bien expliqué qu'il n'est ici nullement question des frais et bénéfices résultant des terres attachées aux Ecoles Impériales : le projet d'un établissement d'instruction agricole pour les jeunes filles ne comportant point l'exploitation directe agricole des terres qui peuvent dépendre de l'établissement, il y a lieu de négliger cet élément de recettes et de dépenses.

## XII

Si, pour l'éducation et l'entretien matériel d'une soixantaine de jeunes gens, d'un âge moyen compris entre 18 et 19 ans (il y en a de 16 et il y en a de 25 ans), il suffit de 86,000 à 107,000 fr., certes, il ne faudrait pas une somme aussi forte pour un établissement renfermant un pareil nombre de jeunes filles d'un âge moins élevé, dont l'éducation et surtout la nourriture pourront entraîner moins de frais, si l'on choisit une localité convenable.

80,000 francs paraissent devoir suffire largement, y compris quelques bourses.

Pourrait-on hésiter devant une dépense annuelle de si mince volume eu égard aux grands effets qu'elle produira ?

Quant au capital de création et d'installation de l'institut d'instruction agricole pour les filles, nous pensons qu'il ne faudrait qu'une très-faible partie de ce qu'ont absorbé les écoles impériales depuis leur adjonction à l'État, pour constructions, améliorations foncières, objets d'enseignement, etc., etc., etc.

Nous répéterons : Est-il permis d'hésiter ?

## XIII

Cependant il ne faut rien dissimuler.

Nous venons de procéder logiquement en cherchant à démontrer que, l'Etat consentant d'assez fortes dépenses pour l'instruction des jeunes gens, il est moralement obligé de faire quelque chose en faveur des jeunes personnes.

Mais nous devons reconnaître que le point de départ est attaqué. Il se rencontre des critiques dont l'esprit calculateur, appréciant les intérêts de l'Etat comme ceux d'un père de famille, désirent que chaque dépense apporte un profit net immédiat et direct. Ils condamnent l'existence des *Ecoles impériales*, et s'attaquent, par conséquent, à la source même de notre raisonnement.

Voici, disent-ils, une école qui, pertes déduites pour les jeunes gens disparus dans le cours de l'enseignement, jette chaque année dans le public agricole dix à douze jeunes cultivateurs en espérance; défalquez ceux qui renonceront à la carrière, ce sera, au total, un contingent de 7 à 8 individus *au plus*, sur lesquels on pourra compter pour la propagande et l'extension des progrès agricoles. Chacun d'eux ressort donc à l'Etat au prix de revient de 12,000 à 15,000 francs. N'est-ce pas terriblement cher? Et encore faudra-t-il quelques années avant que ce produit d'élite soit en état de marcher sans lisière, droit et ferme dans le succès!

L'objection est raide.

On pourrait bien la repousser par une fin de non-recevoir, en se retournant contre l'instruction universitaire et s'inquiétant aussi du prix de revient des jeunes humanistes, les perles des concours; mais il est mieux d'y répondre directement, en adoptant ses chiffres, et même en lui faisant plus beau jeu.

Admettons donc, un instant, que les sujets d'élite acquis chaque année à l'agriculture soient réduits à *quatre* seulement par école, et qu'arrivés en plein exercice, chacun d'eux représente, tant pour lui que pour ceux de sa promotion restés en route, la dépense d'une trentaine de mille francs supportée par l'Etat, c'est-à-dire par la communauté de tous les citoyens.

Pourront-ils jamais restituer à la fortune publique ce capital consommé!

Nous ne balançons pas à répondre affirmativement.

Un agriculteur capable et instruit, placé sur une ferme de 60 à 70 hectares, ayant environ vingt-cinq hectares en blé, et entretenant une quarantaine de vaches laitières, produira, comparé aux agriculteurs routiniers de la localité, *au moins* trois hectolitres de plus à l'hectare, et *au moins* deux litres de lait de plus par jour. A 20 francs l'hectolitre de blé, à 10 centimes le litre de lait (prix faibles), ce seront 4,500 francs ajoutés chaque année à la production générale du pays; soient quatre mille cinq cents francs de plus dans le chiffre total de la richesse nationale (1)!

Durant le cours de sa vie agricole, l'ancien élève de l'Ecole Impériale restituera donc, avec usure, à la fortune publique les frais que le budget a supportés pour son éducation et pour celle de ses camarades laissés en route!

Mais, en vérité, nous avons fait une part trop belle à la critique, pour rendre notre réponse plus frappante. Notre concession touche presque au ridicule : d'abord, en suposant une perte de 80 pour 100 par promotion, ce qui n'a pas lieu; car, au contraire, cette perte tend sans cesse à se restreindre, et on peut prévoir l'époque où elle sera réduite à 10 ou 15 pour 100; ensuite, en comptant comme entièrement perdus pour les progrès agricoles et pour la propagande ou pour l'application des bons principes, tous les élèves sortis sans diplôme.

Plusieurs d'entre eux, en effet, ont suivi tous les cours et ne se sont retirés qu'au moment de faire la thèse,

(1) Nous croyons devoir prévenir le lecteur que cette réponse, en chiffres, à une objection en chiffres, n'est pas puisée chez un agriculteur fictif. On pourrait citer! mais, en citant exactement, on serait forcé de donner des résultats bien plus élevés, et l'on a préféré prendre une moyenne pour pouvoir, à bon droit, faire un type général avec les faits particuliers.

effrayés par les trois mois de travail assidu que l'on consacre à cet exercice individuel ; d'autres ont suivi l'enseignement des deux premières années. Ceux même qui n'ont passé qu'un an à l'école, ne l'ont point quittée sans emporter quelques bonnes notions, sans s'être familiarisés avec de nouveaux instruments, sans avoir appris la langue agricole, sans soupçonner les conditions que doivent remplir les bonnes races d'animaux, sans connaître les grands noms de la science et de l'art, et sans savoir à quelles sources il leur faudra puiser, de quels exemples ils devront s'inspirer, si plus tard, revenant à l'agriculture, ils veulent compléter eux-mêmes leur éducation ; eux aussi, alors, guidés par les souvenirs de l'Ecole, ils apporteront leur contingent à l'accroissement de la production annuelle et de la richesse nationale.

Il n'est pas inutile non plus d'ajouter que c'est surtout dans les années désastreuses, lorsque les circonstances atmosphériques sévissent, que l'on trouve une plus grande différence de produits entre les domaines bien cultivés et ceux que la routine domine. Or, dans ces années, le prix des denrées étant plus élevé et la pénurie de récolte étant une calamité, tout supplément de nourriture devient un bienfait public, et le service rendu à la société par suite d'une meilleure culture a une bien plus grande importance.

Nous venons de compter seulement ce que produit *chez lui-même* l'agriculteur capable ; mais *autour de lui* une amélioration notable se déclare : les procédés de culture s'y perfectionnent, de meilleurs instruments y pénètrent (1), le bétail est mieux choisi ; en un mot, les bons conseils, *accompagnés d'exemples*, y portent leurs fruits ! N'est-il pas équitable de faire remonter une partie des profits des voisins, dus aux conseils et aux exemples, jusqu'aux leçons de l'Ecole Impériale, dont l'Etat a fait les frais ?

## XIV

L'objection contre les Ecoles Impériales nous paraît mise hors de cause ; et nous croyons pouvoir revenir à *notre argumentation* pour provoquer l'Etat à fonder un Institut Impérial d'instruction agricole en faveur des femmes. Elle prend, comme on le voit, un solide point d'appui dans la constatation et dans l'examen des efforts et des dépenses qu'on fait déjà pour répandre cette instruction dans les rangs de la jeunesse masculine.

Par voie de conséquence, par esprit de justice, par intérêt social, on devra donc sortir de l'immobilité et présenter à la jeunesse féminine des moyens d'instruction agricole.

N'est-ce pas dans l'agriculture que la femme con-

(1) Un ancien élève d'école impériale a introduit par son exemple, en peu d'années, plus de 200 charrues Dombasle dans les environs des terres dont il est fermier.

court le plus complétement avec son mari à la création des produits ?

Dans une manufacture, dans une usine, dans une fabrique, la femme du directeur demeure beaucoup plus en dehors des détails et de l'ensemble des affaires; elle y est, le plus généralement, tout à fait étrangère. Voit-on la dame surveiller les machines et métiers, ou se mettre en rapport avec les ouvriers autrement que par des actes de bienfaisance? Fait-elle les achats de matière première et les expéditions de marchandises? Si parfois elle tient la caisse et la correspondance, c'est qu'elle y remplace un commis qu'on payerait; simple question d'appointements ! un bon commis lui succéderait que rien n'en souffrirait. En serait-il ainsi dans une exploitation rurale, si la ménagère se retirait dans sa chambre et prenait le rôle d'une femme de la ville? Dans la campagne, le mari doit pouvoir dire de sa femme qu'elle est un autre lui-même, et l'action de la maîtresse se fait sentir dans toutes les parties de l'Exploitation. A qui est-il réservé de remplacer le chef, dans ses absences, pour toutes les affaires de la maison ? N'est-ce point à sa femme, qui, au courant de tous les travaux, le seconde dans la surveillance et dans la direction ?

L'industrie agricole exigeant impérieusement les soins réunis du maître et de la maîtresse de la maison, on ne saurait comprendre que l'Etat ait jugé nécessaire la création d'écoles d'agriculture pour les futurs maris *sans prévoir* le moment où il serait également nécessaire de créer aussi de semblables établissements pour leurs futures femmes.

Voici treize ans et plus (1) que l'instruction agricole est entrée officiellement et à grandes portes, après les longues et solennelles discussions de l'assemblée législative, dans le programme de l'Instruction nationale !

Le moment n'est-il pas venu de compléter les lacunes qui s'y trouvent encore, et dont la principale, celle qui influe sur toutes les autres, est l'enseignement de l'agriculture parmi les femmes ?

Il est évident qu'en surélevant l'instruction parmi les jeunes agriculteurs et laissant celle des jeunes filles dans l'ornière, on multiplierait, au lieu de les amoindrir, les obstacles qui s'opposent à des unions assorties, garantie de la paix des ménages, source d'un succès honnête, levier d'accroissement pour la richesse nationale.

## XV

Continuons notre examen sur l'état de l'enseignement agricole en France.

Nous avons donné plus haut quelques détails sur les trois Ecoles impériales d'agriculture actuellement en

(1) Loi du 3 octobre 1848.

exercice; mais la sollicitude du Gouvernement ne s'est point bornée à ces institutions, appropriées particulièrement aux classes moyennes; elle s'est étendue aux fils des cultivateurs, à ceux qui ne cherchent leurs moyens d'existence que dans les opérations manuelles du métier.

En conséquence, les Fermes-Ecoles ont été organisées. — La définition de ces établissements, comparés aux Écoles impériales, se trouve dans les documents officiels ; on y lit ce qui suit :

Les *Écoles impériales* (primitivement *Écoles régionales*) ont pour but « un enseignement agricole supé-« rieur, celui qui doit préparer des propriétaires in-« struits, des fermiers, des régisseurs capables, et les « mettre en état de diriger avec intelligence la culture « des terres, d'y appliquer à propos les améliorations « et les perfectionnements dus aux progrès de la science « agricole et à ceux des sciences qui s'y rattachent (1). »

Les *Fermes-Écoles* ont pour but « de préparer à l'in-« dustrie agricole des ouvriers habiles et expérimentés, « de former les petits cultivateurs, les maîtres valets, « les valets de ferme, en un mot les sous-officiers et « soldats de l'armée laborieuse et pacifique, dont les « Ecoles impériales élèveront les chefs et les offi-« ciers (2). »

(1) Compte rendu de l'exécution du décret du 3 octobre 1848, p. 32 et 40.

(2) Id., loc. cit.

## XVI

Les deux formules précédentes expriment assez clairement la différence des systèmes d'enseignement dans les deux institutions. L'organisation financière des Fermes-Écoles diffère aussi beaucoup de celle des Écoles Impériales : dans celles-ci, le Directeur ne régit rien pour son compte; dans les autres, le Directeur est soumis à un *système mixte* que nous allons exposer.

### Bases de l'organisation des Fermes-Écoles.

Ce qui distingue essentiellement la *Ferme-École* de l'École Impériale, c'est que *la première est cultivée aux risques et périls de son Directeur;* car l'État ne donne aucune subvention pour les cultures, et il faut que l'exploitation soit conduite avec profit; telle est la principale condition, la pierre de touche de l'habileté que l'on exige du Directeur. On n'a pas voulu seulement que les élèves-apprentis trouvassent chez lui l'enseignement des bons procédés de culture, on a voulu aussi que les bons résultats justifiassent les bons procédés, et que l'ensemble de la Ferme offrît au pays environnant un bon modèle à suivre, un exemple à imiter.

Si ces conditions cessaient d'être remplies, le ministre retirerait le mandat.

Le Directeur de la Ferme-École doit tenir sa comptabilité agricole en partie double, aussi rigoureusement qu'une comptabilité commerciale. Tout le monde sait combien de détails minutieux et quotidiens entraîne cette obligation. Les écritures qui constatent les bénéfices annuels ne peuvent être mensongères, car elles sont faites au su et au vu de tous les employés de la Ferme et des élèves-apprentis eux-mêmes, qui en fournissent en grande partie les éléments journaliers.

Les pertes et les bénéfices annuels sont donc étalés au grand jour. Le Directeur ne peut rien dissimuler, et s'il recourait à l'art célèbre de grouper les chiffres, un concert de cinquante voix s'élèverait contre lui, sans compter les rapports des agents que l'administration envoie annuellement en inspection. La garantie est donc complète.

L'État n'entre pour la moindre part ni dans la direction ni dans l'administration de la Ferme. L'initiative la plus complète, la spontanéité la plus absolue est laissée au Directeur. Il est plus intéressé que qui que ce soit à réussir et à maintenir son succès. L'État ne se réserve, comme on l'a dit plus haut, que le droit de contrôle et d'inspection, ainsi que celui de retirer le mandat en cas de malhabile et de malheureuse gestion.

Chacun est libre de visiter les Fermes-Écoles; il n'y trouvera, quant aux cultures, aucune trace de ce qu'on a nommé et qu'on nomme encore tous les jours, par ignorance des choses, l'*étreinte étouffante* de l'administration.

Quant à l'enseignement, l'État, qui le paye, ne peut en déserter le contrôle; la liberté des mouvements n'est donc pas aussi absolue que pour les cultures, mais de peu s'en faut; l'État s'est borné à en déterminer le caractère, à en tracer à grands traits le programme, à formuler le but à atteindre, et il laisse le Directeur remplir le cadre.

Pour sa garantie, l'administration nomme, parmi les notabilités du département, les membres d'un jury d'admission à la Ferme-École, jury qui fonctionne également pour le classement des apprentis au passage d'une division dans l'autre, et pour les rangs de sortie après les trois années réglementaires. Elle exige, en outre, des bulletins mensuels exposant tous les faits relatifs à l'enseignement et les observations sur la situation des travaux de la terre et des récoltes; elle envoie des agents d'inspection qui lui adressent des comptes rendus; mais rien de gênant de sa part, point d'étreintes.

Là encore, le Directeur peut donner carrière à sa spontanéité, et adapter son enseignement soit aux circonstances locales, soit surtout au point de départ qui lui est imposé par l'instruction première des sujets admis, et l'on comprend qu'à cet égard on rencontre d'énormes différences selon les départements. C'est par les résultats, comparés aux difficultés, que les efforts, le zèle et le mérite du Directeur seront appréciés et jugés.

L'instruction est presque entièrement pratique. Les théories sont bornées aux plus générales, aux moins contestées; le professeur se règle sur le degré d'intelligence ou de bonne volonté des apprentis; il est d'ailleurs limité par le temps réservé aux études, car les jeunes gens admis à la Ferme-École doivent être les seuls agents, les seuls domestiques de l'exploitation, les seuls valets de ferme,—sauf les chefs de service *instructeurs* et les journaliers qu'on adjoint au personnel normal en cas d'insuffisance, au moment des grands travaux de fenaison, de moisson, de vendange, de sarclage et autres.

La principale instruction se donne dans les champs, dans les étables et dans les greniers, la charrue, l'étrille ou le trieur en mains. C'est là que le Directeur et ses aides expliquent et justifient les procédés de culture, qu'ils montrent l'emploi et démontrent l'utilité des instruments, qu'ils analysent le jeu des pièces composant les machines; qu'ils signalent les qualités, les défauts, les maladies des bestiaux, l'art de les choisir et celui de les soigner, et tous les autres détails.

C'est de la mécanique en action, de la théorie en exemple, de la *géométrie* sur la terre elle-même; c'est de l'arithmétique sur des unités distinctes et tangibles, qu'on saisit et qu'on voit; c'est de la botanique locale et usuelle; c'est cette physiologie végétale dont le sol qu'on cultive recèle les secrets, et dont la plante, en poussant chaque jour, chaque jour écrit une page qu'on n'oublie plus; c'est de la zoologie en tableaux vivants; c'est une pathologie saisissante pour ceux qui voient naître le mal et qui appliquent eux-mêmes le remède.

Comment ne s'instruirait-elle pas, en quelque sorte par force, cette jeunesse docile sortie presque exclusivement des rangs des cultivateurs, mise pendant trois ans en contact avec tous les *faits* et toutes les *opérations* d'une culture habile et fructueuse : faits signalés à leurs études, expliqués dans leurs causes et dans leurs conséquences; opérations rationnelles, justifiées au double point de vue de la science et de l'expérience.

Cependant il y a aussi des leçons dictées ou professées, et des heures d'étude le matin et le soir pour coordonner les notes, rédiger des cahiers, faire de la comptabilité, habituer à écrire correctement le français, mettre l'apprenti en état de rendre aux propriétaires qui l'emploieront par la suite un compte exact des travaux qui lui seront confiés. Les longues soirées d'hiver, les journées d'averses ou de neige, sont surtout mises à profit, afin de pouvoir interrompre l'*enseignement assis* au moment des grands travaux de la belle saison, durant les jours de récoltes, où il n'est permis à aucun homme valide de réserver une minute de son temps en présence des foins ou des blés qui réclament la faux.

## XVII

Beaucoup de personnes, parmi les agriculteurs, considèrent les Fermes-Ecoles comme des établissements de l'État purement subventionnés par le Trésor.

Or, on a déjà déclaré plus haut qu'il ne leur est accordé aucune somme pour les cultures ; et quant à ce qui est alloué au Directeur pour le dédommager des *frais*, *soins* et *soucis* de l'enseignement, c'est la conséquence d'un marché à forfait ; il enseigne comme il cultive : à ses risques et périls.

Ce n'est donc point une subvention ; l'État paye les services du Directeur pour se dispenser de faire lui-même ce que son intérêt lui commande, et ce qu'il n'obtiendrait point au même prix par une régie. Il y gagne donc doublement, car l'*accroissement du produit brut*, premier résultat d'une meilleure culture, se traduit par un meilleur rendement d'impôt. Ceci est dit pour montrer que l'État, en prenant à sa charge une portion des frais que les parents, à la rigueur, devraient payer s'ils comprenaient l'intérêt de leurs enfants, ne fait point une fausse opération.

Entrons dans le détail de la combinaison, et montrons dans quelles conditions matérielles se trouvent les jeunes apprentis.

### De l'intervention financière de l'État.

Le Directeur nomme un *chef de pratique*, un *surveillant-comptable*, un *jardinier pépiniériste ;* chacun d'eux reçoit du Trésor 1,000 francs par an ; il choisit un *vétérinaire*, qui reçoit 500 francs. Quelquefois, selon la localité et la spécialité de l'exploitation, l'État accorde en plus un autre praticien au traitement de

1,000 francs, soit un *irrigateur-draineur*, soit un *magnanier*, un *forgeron-maréchal*; un *vacher*, un *berger*. Il alloue encore, lorsque l'établissement est éloigné de la paroisse, une indemnité de 300 francs pour un ecclésiastique qui vient chaque semaine faire une instruction morale et religieuse, et faciliter aux apprentis l'accomplissement de leurs devoirs de conscience.

La dépense totale de ces divers traitements, sur lesquels le Directeur ne retient rien, et qu'il *augmente souvent* de ses propres deniers, se monte donc à 3,500 ou, au maximum, à 5,000 francs.

La formule de la Ferme-Ecole porte que les apprentis doivent pourvoir, seuls, à tous les travaux de l'exploitation; ces jeunes gens doivent donc au Directeur la portion de leur temps que les études n'absorbent point. L'État a jugé que ce travail personnel serait l'unique rémunération que l'on exigerait des parents et des apprentis; ceux-ci payent ainsi de leur personne. Cependant, pour les attirer aux Fermes-Ecoles, l'État a cru nécessaire de leur offrir un petit pécule à leur sortie de l'établissement. Une somme de 75 francs par an est remise au Directeur pour chaque apprenti présent; une petite partie est affectée à couvrir les dépenses que peut entraîner l'entretien du trousseau; le surplus forme une masse que le Directeur répartit à la fin de chaque année proportionnellement aux bons points de l'année et des examens. Ces primes ainsi réparties ne sont remises aux ayant-droit qu'après les examens de troisième année, accrues de celles des apprentis qui, renonçant à la Ferme-Ecole avant d'avoir terminé les études réglementaires, perdent ainsi tout droit à leur part dans la masse.

L'État ajoute chaque année à ces primes une somme de 400 francs pour l'apprenti de troisième année classé le premier aux examens de sortie.

Il était utile d'accorder quelques rémunérations aux jeunes gens des Fermes-Ecoles ; car si plusieurs sont encore des enfants, d'autres savent déjà un peu travailler ; à partir de seize ans, ils touchent à l'âge où généralement, dans la campagne, on gagne sa nourriture et quelques écus en sus.

Il paraît, du reste, que les dispositions précitées ont atteint le but proposé, puisque chaque année il se présente 500 à 600 jeunes gens aux examens d'admission des Fermes Ecoles.

Il reste maintenant à satisfaire le Directeur.

Ses obligations matérielles, en dehors de l'instruction, sont de loger, nourrir, chauffer, éclairer, blanchir les apprentis, et de les faire soigner en cas de maladie. Il est entendu que, pour ces divers services, on doit suivre les usages du pays; cependant les jeunes gens sont généralement *beaucoup mieux* traités. Le Directeur donne, en outre, les fournitures de bureau, et doit faire disposer dans les bâtiments de la ferme, un dortoir, une infirmerie, une salle d'études et un réfectoire.

La première compensation accordée pour couvrir les

frais consiste dans le travail des apprentis; mais il faut remarquer qu'en général aucun d'eux ne fait une besogne égale à celle d'un bon valet à gages; que très-souvent il casse des instruments, accomplit sa tâche de travers, cause des accidents aux attelages et aux bestiaux. La valeur de l'heure de travail de l'apprenti, toutes ces défalcations faites, dépasse de très-peu la moitié de la valeur de la même heure de travail pour un domestique ordinaire, si même elle l'atteint; il faut remarquer de plus que le domestique donnerait tout son temps au propriétaire qui le nourrit et le salarie, tandis que pour l'apprenti on peut compter en moyenne sur trois heures par jour d'*enseignement assis*, dans l'étude, sans compter celui qui se donne *debout*, dans les champs. Par ce double motif, deux apprentis sont loin de représenter, pour le travail de la ferme, un bon valet; et cependant il faut nourrir ces deux personnes, presque trois, et leur donner plus de soins qu'au seul valet. Il y aurait donc perte notable pour le directeur, si celui ci ne recevait de l'État, en compensation, une certaine somme qui a été fixée à 175 francs à forfait, par apprenti présent. L'expérience paraît avoir démontré que cette somme n'est pas tout à fait rémunératrice, surtout depuis la cherté du vin et lorsque le blé arrive dans les hauts prix.

Le complément de la rémunération du Directeur se retrouve dans l'indemnité de 2,400 francs par an qui lui est accordée *personnellement* pour son travail; car aux termes du programme ministériel, le Directeur surveille et dirige *toutes* les parties de l'enseignement professées par le comptable, le jardinier, le vétérinaire ; il fait le cours d'agriculture dans la salle d'étude, ainsi que les conférences dans les champs ou dans les étables. Il se soumet en outre à un contrôle qui ne laisse pas que d'être assujettissant, à une correspondance mensuelle avec le ministère, à des comptes rendus, et à une minutieuse comptabilité. De plus, il est très-souvent dérangé par les visiteurs, et enfin il assume une grande responsabilité morale et matérielle. Ainsi, ces 2,400 francs sont bien gagnés, et ne sont pas une subvention.

En résumé, le Directeur trouve surtout sa compensation matérielle dans la présence d'agents instruits, formant un état-major de qualité exceptionnelle et qui ne se rencontre pas ordinairement dans les fermes. C'est là réellement l'avantage le plus positif des Fermes-Ecoles, avantage d'une importance que sauront apprécier tous ceux qui ont géré des domaines. On peut affirmer néanmoins que s'il ne se rencontrait pas chez la plupart des Directeurs une vive passion pour les progrès agricoles, une vocation innée, irrésistible, pour l'enseignement et pour la propagande, les avantages matériels seraient, dans la plupart des cas, insuffisants pour les tenter.

## XVIII

Nous sommes loin d'oublier le but principal de cet écrit, c'est-à-dire le projet d'un Institut Impérial pour l'instruction agricole des femmes; mais nos digressions ne nous paraissent pas inutiles pour atteindre ce but.

Donc quelques mots encore sur les Fermes-Ecoles !

Pour donner une idée de la valeur morale, intellectuelle et agricole de l'ensemble des hommes qui ont pris devant le pays la responsabilité des Fermes-Ecoles, prenons-en quelques uns à partie. Qui sont-ils? comment remplissent-ils leurs mandats ?

## XIX

Voici un ancien élève de Roville, l'un des meilleurs qui aient reçu chez Mathieu de Dombasle, ce cultivateur de si illustre mémoire, les principes généraux de la science agricole, et en aient suivi avec lui les conséquences sur le terrain de la ferme de Roville.

Nourri de ces fortes études, il a, de plus, fréquenté en Suisse un établissement d'instruction agricole. Rentré dans sa province, au centre de la France, il cultiva pendant plusieurs années une ferme de son père, à ses risques et périls, remplissant strictement les conditions de son bail, comme un étranger, et vivant des bénéfices de sa culture sur le domaine paternel, qu'il a élevé d'ailleurs à un haut degré de fertilité.

La position notable de sa famille, son éducation distinguée, ses manières et ses qualités personnelles, ses ressources, tout enfin lui permettait d'embrasser une carrière libérale à exercer dans les villes ou à Paris;

mais sa vocation, confirmée par le succès de ses premiers travaux, le décide : il se fait fermier d'un grand propriétaire, en obtient à long bail un domaine de 250 hectares, ne recule point devant les déboursés de fortes améliorations foncières sur la terre d'autrui, se consacre tout entier à cette œuvre de longue haleine, accroît incessamment la puissance productrice du sol, et ajoute chaque année de nouvelles sommes à son capital d'exploitation, dont il tire 12 à 15 pour 100, tous frais, intérêts et amortissement payés.

La ferme a été choisie avec un soin exceptionnel, après de longues explorations dans la province et une étude attentive des améliorations dont elle était susceptible. Elle est parfaitement placée : entre deux routes et contiguë à un canal. Le calcaire y a été recherché et rencontré, des fours à chaux construits, un chaulage énergique donné à toute la surface, et un drainage à plus de la moitié des terres ; de très-grandes cultures de trèfles, de betteraves et de carottes permettent un engraissement annuel de 100 à 120 bêtes à cornes et de 1,000 à 1,500 moutons ; la masse des fumiers obtenus conduit à une production de plus en plus abondante de froment, dont le prix de revient se trouve abaissé, au moyen des récoltes fourragères, au-dessous de 12 francs l'hectolitre et quelquefois au-dessous de 10 francs ; des mouvements de terrains, bien combinés, ont réuni des eaux et assuré des pentes, pour des jardins potagers et vergers, non sans concourir en même temps à l'embellissement de l'habitation ; enfin, machines agricoles nouvelles, locomobile à vapeur appliquée à une partie des besoins de l'exploitation, irrigation, fabrique de tuyaux de drainage, glacière : tout est matière à enseignement dans cette ferme véritablement modèle.

A ce fermier, aussi probe et moral qu'il est instruit et praticien, une Ferme-Ecole a été confiée par l'État, qui a fécondé ainsi, au profit de tous, un mérite hors ligne et des connaissances destinées probablement, sans cette heureuse initiative, à demeurer enfouies au fond de la province.

Environ trente-cinq jeunes gens peuplent l'établissement ; c'est le Directeur qui fait le cours et qui tient les conférences agricoles.

Un rare bon sens, un jugement solide et droit, un esprit de fine observation, donnent un vif intérêt à cet enseignement, qui est marqué du double cachet d'une érudition étendue et de cette sage réserve, partage des agriculteurs qui, ayant beaucoup vu, connaissent la merveilleuse variété de ressources dont la nature dispose pour arriver à ses fins.

Quelle bonne fortune pour de jeunes campagnards destinés, soit à cultiver le champ paternel,

> ... patrios findere sarculo
> Agros...

soit à devenir chefs de service ou maîtres-valets dans de grands domaines,

soit à se faire petits fermiers,

que d'avoir grandi devant un tel exemple, auditeurs de telles leçons !

Le ménage, qui, avec le personnel de la Ferme, celui de l'école et celui de la maison, comprend une cinquantaine de personnes, est conduit par la femme du Directeur. Elle est douée des qualités nécessaires pour une administration ferme et bienveillante; sachant s'occuper des plus infimes détails de la vie et veillant aux soins que réclame le plus humble domestique, quoique grande dame et d'esprit sagement fier, tenant à hauteur de ville son salon de campagne. Habitant toute l'année la Ferme, elle supplée son mari, parfois absent par suite de quelque mission délicate due à la confiance du ministre, qui le nomme soit pour faire partie d'un jury de concours, ou pour aller juger les droits des agriculteurs candidats à la grande prime d'honneur.

Certes, les jeunes gens qui ont passé trois années dans ce milieu instructif à tant de titres n'ont pas acquis seulement de l'instruction agricole et une pratique raisonnée, ils se sont encore imprégnés d'une saine éducation morale. Rentrés dans leurs cantons, ils deviendront à leur tour des instructeurs et des éducateurs pour leurs parents, leurs amis, leurs connaissances et leurs voisins.

## XX

Un autre Directeur de Ferme-Ecole se présente dans des conditions toutes différentes, et donne l'exemple utile de beaux succès officiellement constatés. Il les doit à une rare énergie et à une persévérance des plus méritoires, au milieu de difficultés de toute nature.

Il n'est point né, comme le précédent, dans le pays qu'il cultive, et n'a point, comme lui, passé sa jeunesse dans les champs! C'est un étranger à la France, un officier de la garde impériale de l'armée polonaise avant 1831, un capitaine d'état-major qui, en combattant pour l'indépendance de sa patrie, a été décoré de la croix militaire pour cinq blessures reçues sur le même champ de bataille, a été proscrit, déchu de ses biens et forcé de venir demander à la France un asile, du travail et une nouvelle carrière.

Bientôt employé du cadastre, il reçoit dans les excursions nécessitées par ses nouvelles fonctions la révélation de sa vocation agricole; il parvient à se faire admettre à l'école de Grignon; il en sort avec honneur âgé de plus de trente ans, dirige pendant quelques années des exploitations ou des industries agricoles, et finit par organiser une Ferme-Ecole dans le voisinage de l'Auvergne. La Société d'agriculture du pays, présidée de haut, intervient, fournit quelques capitaux, mais impose pour condition, dans un but d'utilité publique, de prendre une ferme dans l'une des parties les plus arriérées et les moins favorables du département. C'était quatre ans avant la loi organique du 30 octobre; l'État ne prenait alors qu'une faible part aux entreprises de ce genre; heureusement le propriétaire était un homme de bien dont le concours affectueux ne manqua point au fermier.

Celui-ci, allié récemment à une honorable famille française, mais commençant à peu près sans ressources personnelles, a eu à lutter contre la pénurie financière, contre la médiocrité de terres épuisées, contre la fièvre d'un pays d'étangs, contre la dépopulation occasionnée par le voisinage de deux des plus grands centres industriels de France. Il a su retrouver, pour l'apprentissage et l'exercice de sa seconde carrière, l'énergie qu'il avait développée pour la première. Son courage et sa capacité n'ont pas faibli un seul jour dans la lutte, et ont fixé le succès.

Il a desséché ses étangs. Le premier de son département, il a drainé ses terres imperméables. Chez lui et autour de lui, il a fait prévaloir les meilleurs procédés de culture et les instruments les mieux appropriés. A l'assolement triennal il a substitué un assolement de cinq ans, qui est à sa quatrième rotation. L'accroissement considérable de ses ressources fourragères lui a permis de nourrir près de trois fois plus d'animaux que ses prédécesseurs. Importateur dans ses étables et propagateur dans le pays des meilleures races de bestiaux, sans négliger l'amélioration de la race locale, il a engraissé et surtout élevé avec un succès que les concours régionaux ont constaté chaque année. Enfin, dans la grande lutte de la prime d'honneur, il est demeuré vainqueur et a reçu la coupe glorieuse, pour la bonne tenue de son domaine, pour les résultats fructueux qu'il a obtenus, et pour l'exemple précieux qu'il a donné au pays en se créant une modeste indépendance sur une terre que ses soins ont améliorée et dont il a progressivement élevé la valeur, sans se préoccuper de l'accroissement qui devait en résulter dans son prix de fermage : rendant ainsi à la famille de son propriétaire délicatesse pour bons procédés.

En recevant les leçons et l'impulsion de cet opiniâtre pionnier, de ce lutteur passionné, les jeunes apprentis de la ferme-école qu'il dirige apprennent comment, avec de faibles ressources, au milieu d'un pays difficile, sur des terres ingrates ou rebelles, on parvient — en alliant le *savoir* avec la *pratique*, la *méditation* avec le *travail*, l'*économie ardente* et continue avec l'art de *dépenser* à propos et *largement* — à faire prospérer une exploitation agricole.

Ils y apprennent comment on fait beaucoup avec peu, lorsqu'on exécute chaque chose au temps où il convient le mieux qu'elle soit exécutée et selon la meilleure méthode ; — lorsqu'on ne perd ni un brin d'herbe, ni une balle de blé, ni une minute de son temps ; — lorsqu'on demande aux animaux de trait tout le travail qu'ils peuvent fournir, mais rien au-dessus de leurs forces ; — lorsqu'on donne aux bestiaux de rente l'espèce et la quantité de nourriture nécessaire au but qu'ils doivent remplir, mais sans dépasser la limite de ce qui peut être utilement consommé ; — lorsqu'on achète le bétail avec parfaite connaissance de ses qualités sans le surpayer, et qu'on sait choisir son jour et son marché pour le vendre à sa juste valeur ; — lorsqu'on fortifie sa terre avant d'en exiger des produits meilleurs ou plus abondants et qu'on lui rend, à la suite des récoltes, au moins autant de forces qu'elle en avait avant d'ouvrir les trésors de son sein; — en un mot, lorsqu'on fait chaque jour ce qu'il faut, tout ce qu'il faut, rien de plus qu'il ne faut; que l'on veille toujours et qu'on pense toujours à son but.

## XXI

Chez d'autres directeurs de ferme-école on trouve des spécialités plus ou moins prononcées qui impriment un beau cachet à l'exploitation, indépendamment de l'enseignement général, qui est offert aux apprentis selon un programme sagement réglé.

Ici, dans une contrée où la prairie fait défaut, un grand seigneur s'attaquera passionnément à une terre considérable que les étangs empestent et dépeuplent; il débarrassera de leurs eaux stagnantes les fonds inférieurs et les couvrira d'herbages; il prendra, pour irriguer ces herbages, de l'eau dans les étangs supérieurs, et il fera, de ces étangs, des bassins de réserve dont il accroîtra l'alimentation ordinaire par le produit d'énergiques drainages exécutés sur de vastes étendues.

Aujourd'hui le bienfait de l'assainissement est acquis; la fièvre est écartée; des prairies succèdent peu à peu aux herbages. Bientôt les apprentis vulgariseront dans le département l'idée de transformer les étangs, de recueillir les eaux de drainage pour l'irrigation ; d'établir, dans les bas-fonds, des prés destinés à s'engraisser sous les riches égouttures de versants cultivés et fumés.

Un personnel tout spécial, instruit dans l'art des irrigations, a mission de donner aux apprentis une forte instruction et une pratique sûre dans l'art d'aménager, de conduire, de régler et d'employer les eaux pluviales et les eaux souterraines.

Une jolie ferme-école a été créée dans un beau parc, par un sage et respectable financier chez qui un esprit remarquablement judicieux s'alliait au cœur le plus bienfaisant. Là, des hommes de bien, continuant avec bonheur la pensée du fondateur, que Dieu a récemment rappelé à lui, s'attachent surtout à former des serviteurs religieux et modestes, destinés à se maintenir dans la condition de leurs parents, bornant leur ambition à s'y distinguer par l'accomplissement régulier de leurs devoirs.

L'alimentation d'un vaste château, les beaux jardins, les serres multipliées propres aux primeurs et aux plantes rares, les vergers étendus et renommés, les aptitudes particulières du sous-directeur, tout y concourt à ajouter très-utilement, à l'instruction générale agricole, un enseignement théorique et pratique de jardinage plus détaillé et plus complet qu'ailleurs; et le directeur, le riche propriétaire du château et du parc, qui consacre lui-même une portion de ses journées à l'enseignement et à la surveillance de ses apprentis, s'occupe avec bonté de leur procurer des postes sûrs à leur sortie.

Dans un autre département, on voit une grande maison d'éducation tenue par une corporation religieuse, en pleine campagne. Le directeur, homme des plus capables, a eu l'heureuse idée d'annexer à son pensionnat une ferme-école et une communauté d'ouvriers. Ces trois branches d'industrie se complètent. Dans le pensionnat, le latin, le grec et les études littéraires sont remplacés par un enseignement de langues vivantes, de sciences naturelles, de comptabilité, d'histoire, de géographie et de génie rural; dans la communauté d'ouvriers on forme des travailleurs pour la pierre, le fer et le bois; dans la ferme-école on en forme pour les champs, la vigne, les prairies et les bestiaux.

Les ressources de chacune de ces branches d'enseignement sont à la disposition les unes des autres pour atteindre plus sûrement le but.

Il serait à désirer que de tels établissements fussent mieux connus et se multipliassent. Ce serait déjà une excellente chose que de placer au milieu des champs les maisons d'éducation; combien la combinaison ne sera-t-elle pas encore plus heureuse, lorsque les champs contribueront eux-mêmes à l'instruction et qu'un enseignement industriel d'arts et métiers usuels pourra fournir à l'intelligence éveillée de la jeunesse des exemples et des leçons!

## XXII

La dernière ferme-école dont il sera question (1) est conduite par un cultivateur aussi zélé que foncièrement praticien, lauréat habituel aux concours régionaux et membre constant des jurys pour les primes d'honneur. Habile à s'entourer d'un bon personnel, il forme des apprentis à la fois instruits et exercés, qui, au sortir de l'école, répondent sur leurs cours comme des élèves universitaires, et travaillent aux champs comme des valets de ferme adroits. Résultat remarquable, dû particulièrement à l'art avec lequel le directeur et ses auxiliaires nombreux savent inspirer aux jeunes gens un vif sentiment de responsabilité pour les succès de la ferme.

Les apprentis se servent mutuellement de moniteurs et s'instruisent beaucoup, les uns par les autres. Non-seulement ils exécutent tous les travaux, mais ils prennent part à tous les détails administratifs. Le matin, ils assistent aux ordres donnés pour les différentes branches de l'exploitation ; le soir, ils entendent les comptes rendus des opérations de la journée : c'est devant eux que se formulent et s'écrivent, sur les livres, les articles de la comptabilité de l'établissement; excellente méthode qui fait toucher les détails administratifs à l'œil et à la main.

(1) Celui qui écrit ces lignes n'a pas eu occasion de voir d'autres fermes-écoles que celles dont il a parlé; il ne doute pas que toutes celles qui fonctionnent ne méritassent des éloges semblables.

Cette ferme-école se distingue par plusieurs mérites spéciaux qui ressortent encore sur le bon ensemble qu'elle présente et qu'on peut succinctement résumer de la manière suivante :

1° Connaissances positives et pratiques de comptabilité chez les bons apprentis;

2° Culture du topinambour, emploi des pulpes et transformation du jus en un bon vinaigre de table, très-salubre et trop peu connu ;

3° Art de composer des rations économiques avec lesquelles on nourrit substantiellement les animaux de trait et profitablement les animaux de rente ;

4° Conduite de deux troupeaux de bêtes ovines : élève, engraissement, croisement des animaux, etc., etc.

Il sort souvent de bons bergers de cette école; c'est un service rendu aux agriculteurs, car tout le monde sait combien il est difficile de se procurer des bergers méritant ce titre. La presse agricole a fréquemment retenti des doléances des propriétaires de troupeaux sur la pénurie de cette classe si nécessaire de serviteurs. « *Tant vaut le berger, tant vaut le troupeau,* » dit le proverbe. « Il est tellement essentiel de se procurer de bons ber-« gers, ajoute Tellier, que si l'on ne peut y parvenir, « on ne doit pas espérer d'avoir de bons troupeaux. »

Dans cette ferme-école, plusieurs troupeaux de plusieurs races offrent toutes les ressources nécessaires pour faire l'éducation des bergers; mais ce qui vaut encore mieux pour les apprentis, c'est la vocation du directeur, son aptitude particulière, ses soins attentifs, ses connaissances spéciales cultivées depuis un demi-siècle, et les traditions acquises d'un père voué toute sa vie à l'étude et à la conduite de bêtes ovines, à qui il n'a manqué qu'un plus grand théâtre pour être désigné comme l'émule des maîtres.

## XXIII

Il existe actuellement une cinquantaine de fermes-écoles. Voici les noms de ces fermes et les départements où elles sont situées :

Aubussay (Cher).
Belleau (Allier).
Berthaud (Hautes-Alpes).
Besples (Aude).
Bazin (Gers).
La Bâtie (Isère).
Beyrie (Landes).
Castellaouëenan (Côtes-du-Nord).
La Charmoise (Loir-et-Cher).
La Corée (Loire).
Le Camp (Mayenne).
La Chauvinière (Sarthe).
Chavaignac (Haute-Vienne).
Grand-Jouan (Loire-Inférieure).
Germainville (Pyrénés Orient.).
L'Hôpital (Cantal).
Des Hubaudières (Indre-et-Loire).
Lavallade (Dordogne).
Lezardeau (Finistère).
Lahaycvaux (Vosges).
La Montaurone (B.-du-Rhône).
Montberneaune (Loiret).
Du Montet (Lot).
Martinvast (Manche).
Mesnil-Saint-Firmin (Oise).
Du Montceau (Saône-et-Loire).
Mandout (Tarn).
Monts (Vienne).
Nolhac (Haute-Loire).
Orme-du-Pont (Orne).
La Paoutte (Alpes-Maritimes).
Pont-de-Veyle (Ain).
Paillerols (Basses-Alpes).
Puilboreau (Charente-Inférieure).
Les Plaines (Corrèze).
Poussery (Nièvre).
Royat (Ariége).
Recoulette (Lozère).
Saint-Gildas (Loire-Inférieure).
Saint-Gauthier (Orne).
Saint-Remy (Haute-Saône).
Saint-Privat (Vaucluse).
Salgues (Var).
Trévarez (Finistère).
Trois-Croix (Ille-et-Vilaine).
Trécesson (Morbihan).
Tolon (Basses-Pyrénées).
La Villeneuve (Creuse).
Villechaise (Indre).
Visens (Hautes-Pyrénées).

Chacun de ces établissements contient en général 25 à 30 apprentis, dont un tiers, dûment éduqué et dûment exercé, rentre chaque année dans les rangs des travailleurs agricoles.

## XXIV

Après avoir lu notre longue digression sur les efforts du Gouvernement pour développer l'instruction agricole de la jeunesse masculine, il semblera sans doute au lecteur qu'il entre dans un autre monde lorsqu'il se prendra à réfléchir sur la condition de la jeunesse féminine et qu'il se demandera ce qui a été fait pour elle.

La réponse sera courte : Rien !

Est-ce juste? est-ce équitable? est-ce raisonnable?

## XXV

On a déjà remarqué cette indifférence des Gouvernements et de la nation relativement à l'instruction agricole des femmes. Mathieu de Dombasle a déposé dans quelques pages de ses Annales l'expression de ses sentiments à ce sujet; d'autres l'ont renouvelée après lui, notamment Mme Millet-Robinet, qui est elle-même un exemple distingué de savoir et de pratique agricoles. Il est à présumer que ces idées se sont répandues et ont fait route. Il est donc temps de passer de la période des doléances à la période des actes.

Notre esquisse a pour objet, non de préciser la formule qu'on devra réaliser, mais seulement de proposer une formule qui puisse au moins servir de base à une discussion.

## XXVI

Nous répétons, en terminant, que nous ne croyons pas à la possibilité de créer et de maintenir un institut impérial pour l'instruction agricole des femmes en dehors de la direction du Gouvernement. L'exemple des trois écoles impériales de Grignon, Grand-Jouan et la Saulsaie en est la preuve.

Mais puisqu'au-dessous de ces trois établissements impériaux, l'État a pu créer, avec le concours des particuliers, et d'après un système mixte, des fermes-écoles qui forment les travailleurs les plus immédiats de la culture, il est à présumer que l'on pourra pourvoir, non sans doute sous la même forme, mais avec un égal succès, à munir d'instruction primaire agricole et de bonnes pratiques les filles vouées aux travaux inférieurs du ménage de la ferme.

## XXVII

En résumé, que peut-on aujourd'hui demander au Gouvernement? — De vouloir ! car il n'a pas besoin du Corps législatif pour créer un institut qui ne coûtera pas au delà du dixième de ce que lui coûtent aujourd'hui les écoles et les fermes-écoles.

Mais au public, n'y aurait-il pas aussi quelque concours à lui demander? Ne pourrait-on former une société de patronage parmi les hommes de bonne volonté?

## XXVIII

En 1815, il fut fondé, pour l'instruction élémentaire, une société qui a compté parmi ses membres les plus éminents personnages de la société française, et qui fit beaucoup de bien.

Elle avait pour but principal de propager l'éducation élémentaire et d'en perfectionner le mode; subsidiairement, d'établir des écoles ,de proposer des prix pour faire composer des ouvrages d'éducation et de les imprimer, d'encourager la création de bibliothèques, de distribuer des médailles aux maîtres et aux élèves qui se seraient le plus distingués, etc.

Il nous semble que le moment serait opportun pour organiser une société analogue, destinée à propager l'instruction agricole chez les femmes?

Elle contribuerait puissamment, par le seul fait de son existence, à préparer la fondation par l'État d'un institut agricole normal pour les jeunes personnes du sexe féminin.

Elle étudierait et préparerait les moyens de multiplier, dans les départements, des établissements agricoles appropriés aux filles de toutes conditions. Elle provoquerait l'établissement dans les campagnes des pensionnats ordinaires; elle s'efforcerait de faire introduire dans l'enseignement quelques-uns de ces principes de sciences naturelles qui trouvent leur application journalière dans l'agriculture. La situation des pensionnats au milieu des champs permettrait d'intéresser les jeunes pensionnaires aux faits agricoles par des explications et des notions générales.

Cette société contribuerait puissamment à développer le goût de la vie rurale : car lorsque les femmes sauront s'intéresser utilement aux travaux de l'agriculture elles aimeront la campagne, et les hommes y reviendront. Sans l'éducation agricole, comment leur inspirer de l'intérêt en faveur de l'agriculture et de l'horticulture?

## XXIX

On a beaucoup parlé de l'émancipation de la femme! Pour les hommes raisonnables, ce principe n'a jamais signifié autre chose qu'élévation dans l'esprit, accroissement de connaissances sérieuses, association plus intime avec l'époux pour le travail de la vie, accession à des devoirs plus étendus, plus élevés que les devoirs ordinaires de la simple éleveuse de marmots.

De par les progrès humains, on peut, sans renoncer à remplir les devoirs de la mère de famille et sans rien retrancher des soins qu'exigent les enfants, prendre une part plus active dans les affaires. Et c'est surtout dans la carrière agricole que la femme peut s'égaler au mari, s'initier à ses travaux, lui donner aide et concours complet.

Là est la véritable émancipation : spontanéité, initiative, liberté plus grande; mais, par contre, responsabilité plus étendue, devoirs plus stricts, sentiments plus généraux.

## XXX

En préparant des épouses assorties pour les jeunes gens des villes qui commencent à prendre goût aux exploitations agricoles, on établira un contre-courant opposé à celui qui attire hors des champs la portion de la population agricole qui est la plus adroite, celle dont l'intelligence est la plus aiguisée. Si, d'un côté, les fils de cultivateurs sont dégoûtés d'une carrière où domine la routine et qui semble (faute d'instruction convenable) ne point ouvrir de débouchés aux imaginations les plus développées, ni offrir de salaires suffisants pour des besoins plus étendus; si ces fils de cultivateurs n'aspirent qu'aux emplois et aux professions des villes; d'un autre côté, les fils de familles urbaines trouvent les voies encombrées dans le barreau, dans la médecine, dans l'administration; tous ne sont point doués de cet esprit des affaires, de ce tempérament de lutte indispensable pour faire son chemin sans être écrasé ; un grand nombre d'entre eux aimeraient à se réfugier dans une carrière qui demande surtout du travail, de la persévérance, du savoir, de l'ordre et de l'économie, et où l'intrigue, l'adresse, les conflits avec la ruse humaine n'ont qu'une bien moindre importance ; une carrière plus indépendante, où la terre est le seul maître à servir, maître équitable qui paye toujours largement les efforts intelligents.

Ainsi, le courant vers les villes, qui domine aujourd'hui, passe à côté d'un courant vers les champs qu'il est possible d'accroître et de développer.

On peut affirmer en effet que les carrières exercées dans les villes et les carrières agricoles doivent, en général, alterner dans les mêmes familles; qu'elles sont les deux termes d'une rotation aussi nécessaire dans les sociétés humaines que la rotation est nécessaire entre les plantes sur un même sol.

Cette affirmation, quant aux vocations, aux aptitudes, aux qualités morales et intellectuelles, est encore plus exacte, si on l'applique aux qualités physiques et aux dispositions hygiéniques et sanitaires.

Qu'on le remarque bien, il ne s'agit pas ici de ces doléances, si souvent reproduites dans les discours agricoles, sur l'émigration des campagnes vers les villes! Nous considérons, au contraire, cette émigration comme une loi aussi naturelle que celle des liquides qui cherchent leur niveau; une loi à laquelle on voudrait vainement mettre un frein, parce que les émigrants, en général, constituent précisément la population la plus propre, par ses qualités et par ses défauts, aux fonctions et aux services des villes.

La solution du problème ne gît point dans l'érection de barrières contre les émigrants, ni dans des plaintes vaines, ni dans des conseils qu'on n'écoute pas, donnés par des gens qui ne les suivent pas pour eux-mêmes.

La solution est dans l'organisation d'un contre-courant pour ramener dans les campagnes la partie de la population urbaine qui sentira renaître en son sein des aptitudes et des sentiments agricoles, qui sera prête à quitter la ville pour peu qu'on lui en prépare les voies, parce qu'elle saura qu'avee une bonne instruction professionnelle elle trouvera dans l'agriculture des profits convenables.

C'est dans ces circonstances que doit se manifester l'importance prépondérante de l'éducation et de l'instruction agricoles pour entraîner les générations vers le but social que se proposerait une haute pensée gouvernementale.

L'éducation et l'instruction rurales sont libéralement offertes aux jeunes hommes.

Offrons-les donc aussi à leurs futures épouses : car cette éducation et cette instruction agricoles seront aussi favorables à l'avenir et au bien-être des femmes qu'à leur santé, à leurs charmes physiques et à leurs progrès moraux !

Paris, 1862.

FIN DE LA PREMIÈRE PARTIE.

4022. — Imprimerie Ch. Jouaust père et fils, rue Saint-Honoré, 338.

www.ingramcontent.com/pod-product-compliance
Lightning Source LLC
LaVergne TN
LVHW050431160826
845677LV00002BA/649

*9782329680729*